李完玉　韩国全北大学生物学硕士和博士，记录了数十种从未被韩国记录的新型物种，还成功地将黄鳜鱼、臼齿肛鳍鱼等韩国濒临灭绝或已经灭绝的淡水鱼从中国引进、复原，并送归大自然。曾任韩国国立水产科学院水面研究所研究员和韩国鱼类协会会长等，现任韩国全南大学水产科学研究所学术研究教授和尚治大学兼职教授。目前正在研究韩国鱼类和江河的关系。为了让孩子们更加关心和重视鱼类和江河，用心编写了多部著作：《了解更有趣的鱼类故事》《与鱼玩耍》《朝鲜半岛淡水鱼》《汉江里的鱼虾》等。

李粹英　大学期间学习视觉设计，从小就喜欢在书上涂鸦，对漫画也充满了兴趣，最终成了职业插画师。她在绘制本书时，描绘了江水从溪流开始，然后到田野，穿越都市，最终汇入大海这一过程，孩子们能从中体会到旅行的感觉。作品有：《吃喝玩乐12个月纪念日》《我穿的衣服》《四次元妈妈》《在宇宙中寻找我们的家》《有趣的绘画教科书》《电视出故障了！》等。

这本书有7个有趣的部分哦！

你好啊江河　最让人好奇的江河之谜

相遇了江河　身边的江河原来如此啊

好奇呀江河　江河的秘密快来看这里

惊讶咯江河　江河的那些“不可思议”

思考吧江河　江河啊江河我想了解你

享受吧江河　和江河一起玩儿的游戏

保护它江河　江河啊江河我要保护你

神奇的自然学校

奔腾的江河

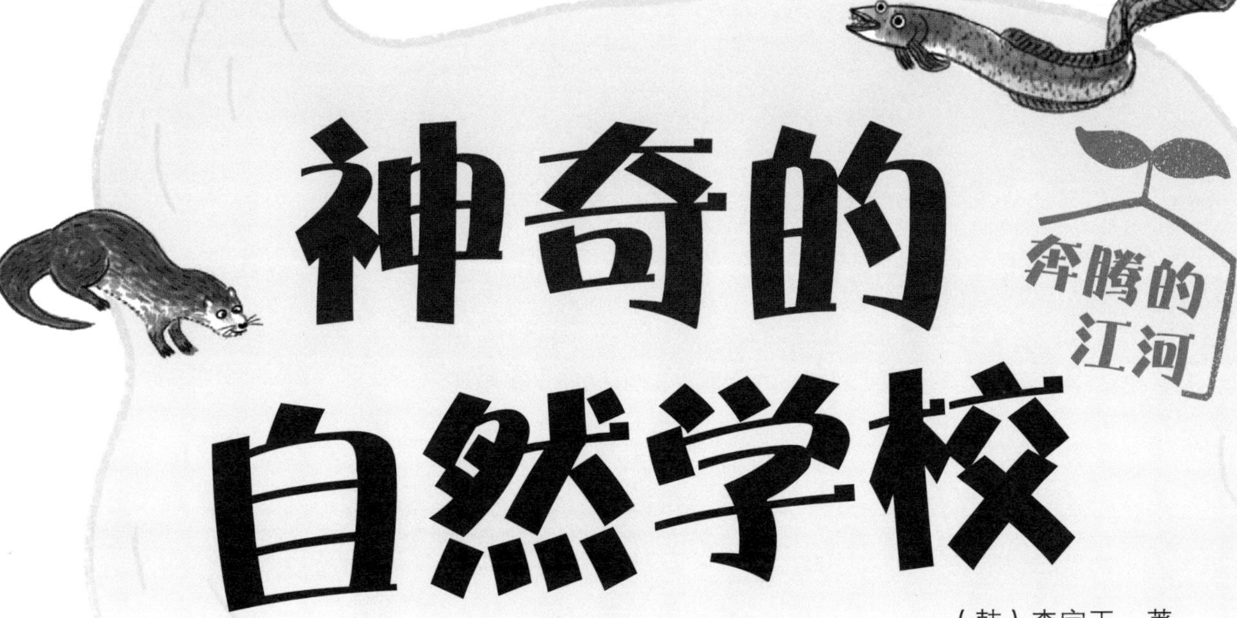

（韩）李完玉 著
（韩）李粹英 绘
崔 瑛 译

辽宁科学技术出版社
·沈阳·

河如果停止流动会变成什么样呢?

如果过度开发河道，生活在河里的生物就有可能失去生存空间，最终走向灭绝。
如果随意人为改变河水的流向，也会破坏河道的生态环境。
我们鳗鱼在海里产卵，小鳗鱼逆流而上到河水中发育长大。如果河水停止流动，我们就无法从海里游回到河中。

去江边玩儿水

哇，好宽的江面！
江边公园新建了泳池。
这条江的变化真大啊！爷爷小时候经常在这里洗澡、游泳呢！
对啊，还可以洗衣服呢！
真的吗？在江里又游泳又洗衣服，不危险吗？
以前这有一片沙滩，是河水浴场，冬天的时候还可以滑冰呢！
那时候水面没有现在这么宽，沙滩很大，水也很浅。现在可不能随便下水了哦！
那时候的水没有这么深吗？
听起来好有意思啊！

但是为什么现在江水变深了呢？
建了水坝之后又人为地改变了河道，导致江水变深，河道也变宽了。
原来是为了人们的方便而改变了江水的样子呀！
虽然不能在江里游泳，但是在江边公园的泳池里游泳也很享受呀！
妈妈说绝对不能野浴！
看着江水，心会慢慢平静下来，城市里有这样的河道，真是幸福呀！
奶奶说得对，有了这江水才会有各种长长的大桥，还可以乘游船呢！
我也想去。
爷爷，我们下次去看别的河吧！
回家好好查一查，我国都有哪些河流吧！

水在土地上汇聚成河，山间有缓缓流淌的溪水，平原上有穿越而过的河水。

当水道宽、弯度大时，水的流动速度就会比较慢。

河水不像海水那样是咸的，因为它是淡水。

淡水指的是像河水、淡水湖、地下水一样含盐量低的陆地水。淡水的储量比海水少，人们平时饮用的水都是淡水。
小溪上的搭脚石。

水从高处向低处流动。

山间的雨水汇聚成溪水，溪水又汇聚成小的河流，小河流聚成江河，最终流向大海。

水往低处流，这是因为地球的重力作用。大部分河流都发源于高高的山顶，比如中国的母亲河——黄河和长江，它们都发源于青藏高原的山脉。

一般情况下，我们把长长的河流分为上游、中游和下游3个部分。

水源处的地势通常比较险峻，水的流速会很快；到平坦的地方后水道变宽，水的流速逐渐变得缓慢；到下游后水的流速越来越慢，这时河底堆积的沙土也会变多。

河边生长着各种各样的植物，比较常见的是芦苇和蒲草。

有植物，自然会有各种动物。

有各种各样的昆虫，还有像青蛙一样的两栖动物，也有像蛇一样的爬行动物。还有鸟类，以及像老鼠、原麝一样的哺乳动物。河水里还生活着各种昆虫的幼虫。

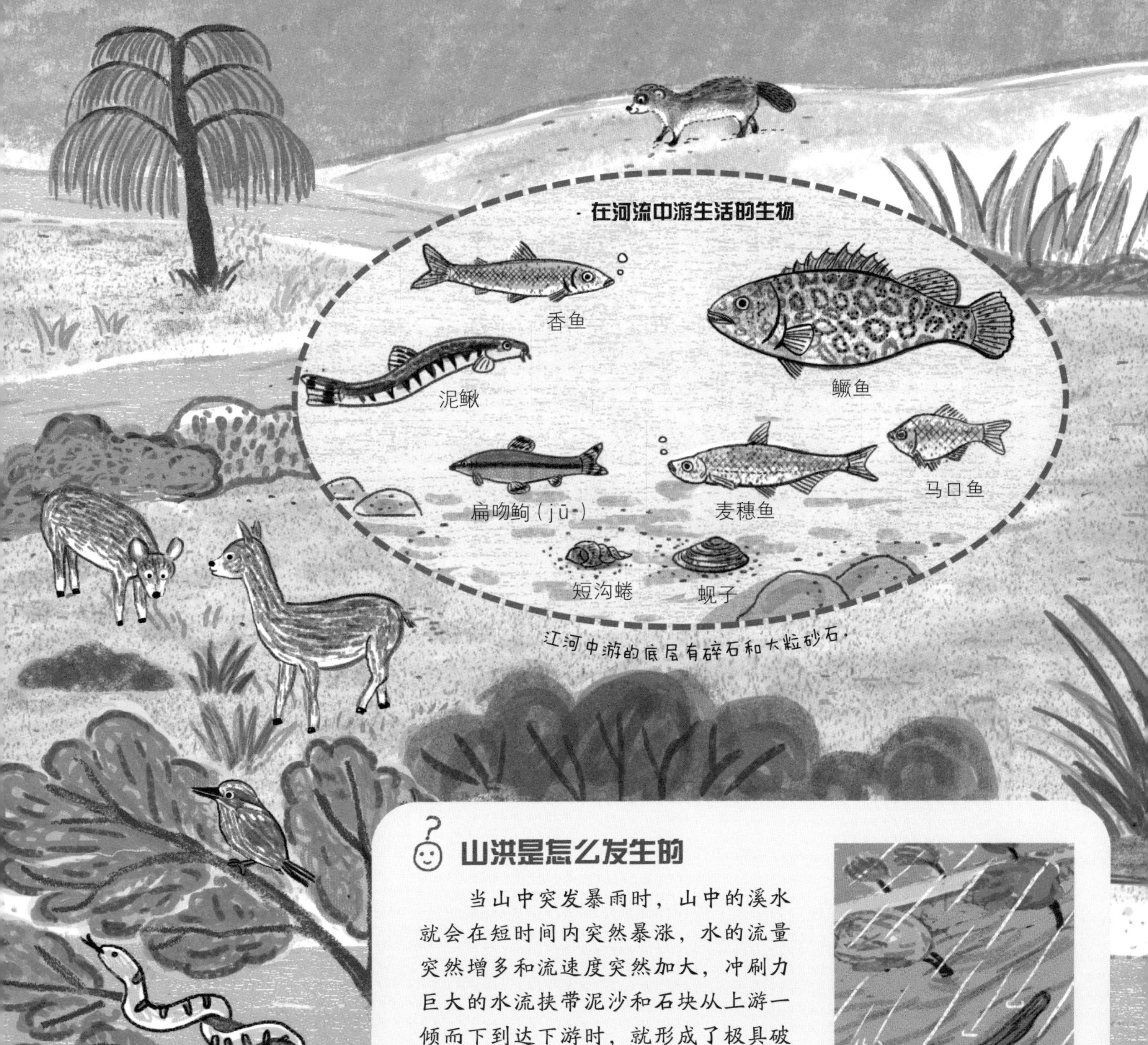

江河中游的底层有碎石和大粒砂石。

山洪是怎么发生的

当山中突发暴雨时，山中的溪水就会在短时间内突然暴涨，水的流量突然增多和流速度突然加大，冲刷力巨大的水流挟带泥沙和石块从上游一倾而下到达下游时，就形成了极具破坏力的山洪。

江河的形态千差万别

江河根据季节和气候的变化会有不同的样子。

柬埔寨洞里萨湖是湄公河的天然蓄水池，这个湖泊里鱼类资源丰富，很多人靠湖泊生活。而位于以色列、约旦和巴勒斯坦交界处的死海，因盐度太高，水中几乎没有任何生物生存。

洞里萨湖

降水量少的时候，面积约3000平方千米；降水量多的时候，面积会扩大到10000平方千米以上。

这是湄公河水暴涨逆流倒灌进湖泊造成的。

这个湖泊鱼类资源很丰富，是柬埔寨人的“生命之湖”。

死海不算海，它是盐湖。

死海

约旦河流到死海里，由于死海海拔太低，无法流出到别的河流，所以就形成了湖泊。流进的水蒸发后，湖泊里就剩下大量的盐，所以盐度很高。

前几天雨下得很大，竟然形成了小河。
塞伦盖蒂大草原
这里平时是没有水的干燥地区，下过暴雨之后，会形成小的河流，这种河流叫间歇性河流。
亚马孙河流域降水量很大，雨水汇成若干河流后，相互联结贯通，最后形成了亚马孙河。
热带雨林中的亚马孙河
从安第斯山脉开始，沿着赤道，一直流入大西洋。亚马孙丛林闷热而潮湿，年降水量巨大。

春天来了！

在四季分明的地区，不同的季节，江河的形态不同。

春天来的时候，生活在岸边的植物就会发芽。

当水温升到10摄氏度以上后，水里的浮游植物开始繁殖。

浮游植物开始繁殖后，会引来以它们为食物的像水蚤一样的浮游动物。在水里生活的昆虫幼虫也开始活动了，不仅如此，鱼类也开始活动。昆虫和鱼变多了之后，又将不同的鸟类吸引到河边……春天真是万物复苏的季节啊！

夏天会发生什么样的事情呢?

夏天的时候，大部分鱼类会开始产卵。刚出生的小鱼，为了寻找食物会在湖泊里或河里到处游动。在陆地上生活的青蛙也会在水中产卵。这些卵孵化之后，会成为小蝌蚪，最后再长成青蛙。乌龟会在河边沙土多的地方产卵。

夏天，江河从太阳辐射中获取热量，河水的温度会升高，鱼儿快速发育生长。太阳对生物的生长起着重要的作用。

秋天的江河是什么样子呢？

秋天来了，江河的水温变低了。
水里生物的繁殖速度也逐渐变慢。
水里的浮游植物会停止活动，沉到水底。
所以，秋天的时候，江河重新变得清澈。

夏天出生的鱼会成群结队游动。
水温变低时，鱼会变得迟钝。
青蛙和蛇也准备过冬，藏到石头底下或钻进土里。
万物准备过冬时，候鸟和鲑鱼会重新回到河边。

严冬的河水中也有生物

冬天的江河被冰层覆盖，万物似乎都停止了活动。

但是，在冰层之下，蕴藏着各种生命，为了来年的春天准备着。

秋天时产下的鲑鱼卵正在苏醒，石头底下的昆虫和幼虫也在等待着春天。

但是，不是所有的鱼都会休眠。

像池沼公鱼一样，有的鱼冬天的时候也很活跃。

池沼公鱼在大坝或蓄水池孵化后，就往水温低的地方游。

冬天的时候，在江河或湖泊上也可以看到大雁、绿头鸭等。

没有河流的城市和国家

世界上有些国家完全位于内陆，远离海洋。

还有像梵蒂冈和摩纳哥这样的国家，它们没有水源，只能从别的国家引进淡水。也有像卡塔尔和巴林一样在沙漠中的国家，虽然没有河流，但可以挖掘地下水使用。位于太平洋的岛国瑙鲁只有一个小湖泊，没有河流。像这样的国家会利用地下水，或把海水进行淡化处理后使用。总之，万物生存都离不开淡水。

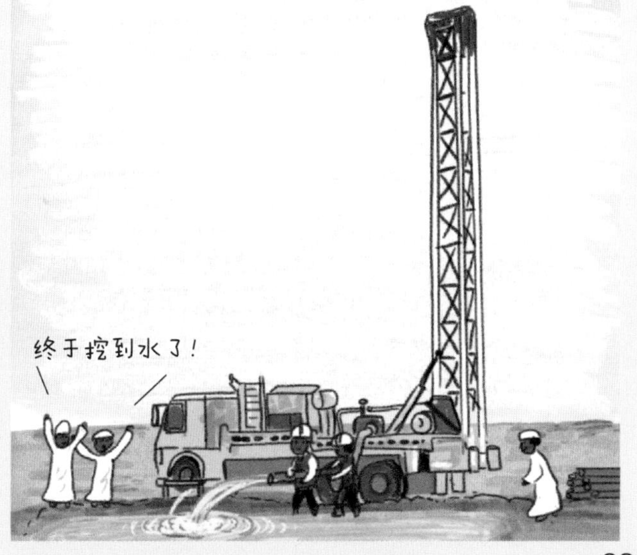

美国　密西西比河三角洲

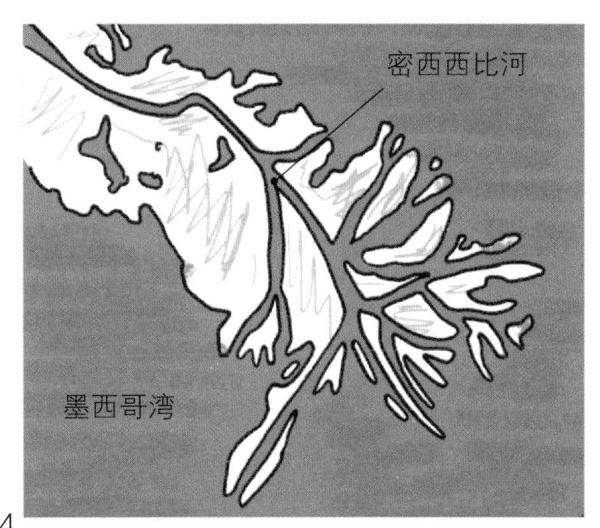

埃及　尼罗河三角洲

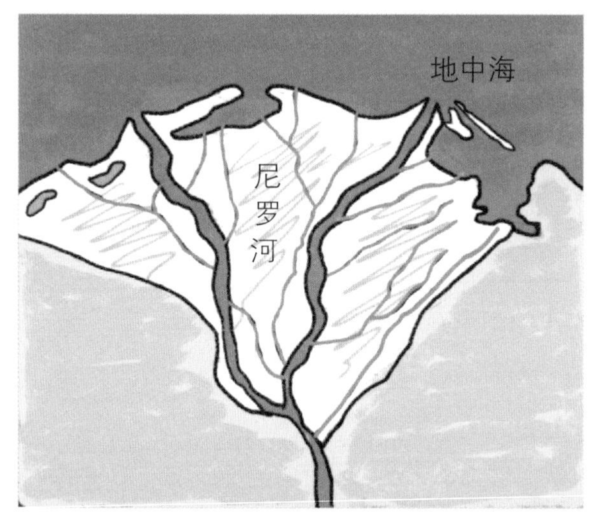

通向大海的河流和三角洲

河流从高处一直流到位于中游或下游的湖泊里。

有些湖泊里的水，最终也会流向大海。

河流流到大海里的时候，流速减缓，水中的泥土和沙子容易沉积。

这里的水变浅，水道变宽。

这样堆积成的平原叫作三角洲。

三角洲的河流里营养物质很多，适宜各种生物生存。

成为文明发祥地的河流

从原始时代开始人们就学会了以捕鱼为生，还会在营养物质丰富的河岸边种田。

尼罗河、印度河、底格里斯河和幼发拉底河以及黄河之所以成为四大文明发祥地，就是因为这些流域有丰富的食物和肥沃的土地。

古巴比伦文明

印度河

底格里斯河和幼发拉底河

古印度文明

古埃及文明

尼罗河

黄河全长约5464千米，是华夏文明的主要发祥地，是中国人民的“母亲河”。黄河下游的冲积平原土地肥沃，有利于种植各种农作物。

河流的变形和污染

如果仔细观察我们周边的河流，你就会发现没有一条河流是保持原样不变的。

大部分河流都改变了形态，有很多河流都被污染了。

为了提取饮用水或发电，人们在很多河流上筑水坝或蓄水池，这样的行为改变了河流本来的形态。

河流附近有小水坝和水闸。

它们的作用是拦截水流，灌溉农田。

但是这样的方式会阻碍鱼类洄游，所以人们开始人工修建专门供鱼类洄游的水槽。

为了防止洪水发生，人们会建堤坝。

但随意人工改变河道，可能会引起各种问题，所以，改变河道需要经过精心设计和充分论证。

依靠河流生活的人们

虽然河流给予我们很多，

但是它有时候会分割陆地，造成交通不便。

所以人们开始造船或建桥来推动河流两岸的交通发展。

桥的样子和材料多种多样。

有木桥、石桥，还有用水泥做的桥。

每个国家都有代表性的河流和桥。

世界上流量第一的河是？

全世界有很多大河，其中流量最大的河是位于巴西的亚马孙河。它的流量达21.9万立方米每秒。

我们对江河究竟了解多少呢？
到附近的河流去看看吧！

在岸边打水漂儿

岸边有很多小石子，随手捡一个小石子，我们一起来玩打水漂儿游戏吧！

要想打水漂儿游戏成功，要找出平平的石片，扔向水面，石片会贴着水面飞行，石片碰到水面后弹起、落下，碰到水面再弹起、落下，如此循环往复。

沿着岸边慢慢散步

沿着岸边走一走，一起听听流水的声音，看看溪流的样子。水流快的地方声音会大一些，水浅的地方声音会小一些。偶尔还能看到跃出水面的小鱼和岸边的小鸟呢！

以河流命名的城市

我家周围河流的名字

寻找我们自己生活区附近的河流。

研究一下它的名字吧，你一定会有所收获！

冬日的江河也能给我们带来乐趣

在寒冷的北方，冬日的湖面或河面会结上厚厚的冰层。这时，这里就成了人们冬日的游乐园！

画一画在我们身边的鱼

在日常生活中，我们能见到很多漂亮的鱼。

我们可以直接去岸边观察水里的鱼，或者在网上搜索照片，自由自在地画画。

材料：

① 先找到想画的鱼的照片，仔细观察鱼的外形。

② 在白纸上画鱼的头、身、鳍。

③ 然后开始画鱼纹，填颜色。

④ 还可以画上水纹、小石子和水草。

观察被污染的河流

城市里的河流，就像沙漠里的绿洲一样。
但是，因为人类的活动，这些河流越来越脏了，有的已经失去了活力。
河里的鱼类也开始灭绝了。

城市里的河流是很重要的

河流是各种候鸟、鱼、植物生活的地方。河流还能给我们提供生活用水和饮用水。

为了保护河流，我们应该学会科学利用水资源。在家少用洗衣粉，出门不随地扔垃圾等，尽量减少废水的产生。为了净化河流，需要经常清理河流里的垃圾。

河流被污染之后，生物无法生存

日常生活中产生的废水和工厂产生的废水使河流污染越来越严重。鱼儿大量死亡，喝过污染的河水的鸟和其他动物也会生病。严重时甚至会威胁到人类的健康。

作者说

河流从很久以前就在我们身边了，但是，我们对河流又了解多少呢？

从以前的村落到现在的城市，都是沿着河流而发展起来的。河流奔腾不息，从山谷发源，一直流进大海里。河流从很久以前就开始为我们提供饮用水，但是随着社会的发展，我们破坏了河流的生态环境，却似乎没有任何反省，盲目地相信河流会一直给我们提供资源。如果一直这样破坏下去，我们会付出沉重的代价。

因为人类活动，河流被污染了，还经常发生干涸或洪水。

河流也是其他生物的家园。生活在地球上的生物，都离不开水。为此，我们必须保护河流。我们要懂得，不管身处何方，都有很多的生物跟我们共存着。希望我们能一起保护这个家园，让它们也和我们一起共同生存下去。

李完玉

图书在版编目（CIP）数据

神奇的自然学校. 奔腾的江河/（韩）李完玉著；（韩）李粹英绘；崔瑛译. —沈阳：辽宁科学技术出版社，2021.3
ISBN 978-7-5591-1493-8

Ⅰ. ①神… Ⅱ. ①李… ②李… ③崔… Ⅲ. ①自然科学—儿童读物 ②河流—儿童读物 Ⅳ. ①N49 ②P941.77-49

中国版本图书馆CIP数据核字（2020）第016493号

出版发行：辽宁科学技术出版社
（地址：沈阳市和平区十一纬路 25 号 邮编：110003）
印 刷 者：上海利丰雅高印刷有限公司
经 销 者：各地新华书店
幅面尺寸：230mm × 300mm
印　　张：5
字　　数：100 千字
出版时间：2021 年 3 月第 1 版
印刷时间：2021 年 3 月第 1 次印刷
责任编辑：姜　璐
封面设计：吴晔菲
版式设计：吴晔菲
责任校对：闻　洋　王春茹

书　　号：ISBN 978-7-5591-1493-8
定　　价：32.00 元

投稿热线：024-23284062
邮购热线：024-23284502
E-mail：1187962917@qq.com